JN047195

海からいただく 日本のおかず **1**

干ひもの物

魚介類の乾製品

監修
一般社団法人 大日本水産会
魚食普及推進センター

写真・文
阿部秀樹

偕成社

イカを干す（佐賀県唐津市呼子町）

はじめに

　僕は水中カメラマン。北海道から沖縄まで、日本各地の海に潜って、海の生き物たちの生き生きとした姿や美しい水中風景を撮影するのが仕事です。一年中、日本の北から南までを旅しているような仕事ですから、撮影に訪れた土地で海の幸を口にすることも多く、それが楽しみのひとつになっています。

　海ぞいの宿の朝ご飯で、干物は必ずそえられる定番のおかずです。北海道の海ぞいならホッケの干物。伊豆半島ならばアジの干物、関西なら若狭かれいやサヨリの干物。それらの干物はどれもがおいしく、ついつい朝ご飯を食べすぎてしまうほどです。不思議なのは、どんな魚の干物も、生の状態とは味がちがうことです。お刺身では、味のちがいがわずかに感じられる程度だったものが、干物になると味が凝縮されたようにはっきりして、とてもおいしくなることに気がついたのです。干物への興味がぐんぐんとわいてきた僕は、水中撮影でいろいろな場所に行くたびに、干物の取材をするようになったのです。

　そこで気づいたのは、その地域でもっともふつうに食べられる魚、つまり一番とれる魚介類を使って干物がつくられていること。そして、塩の量や干し方で味が変わること、昔は保存を目的としてつくっていたものが、だんだん内陸にも運ぶことが可能になり、地域の名産品になって、味をさらに良くする技術が発達してきたことを知りました。今では、数百年間受けつがれてきたその技術に加え、最新機械の助けも借りて、とれたての新鮮な魚介類を干物にしています。干物は、家庭で特別な器具や技術がなくてもおいしく食べることができますが、長い歴史を通して日本人の食生活に深くなじんでいる、和食の代表ともいえる存在です。南北に長く、気候風土も多彩な日本ならではの豊かさもあります。そんな干物の魅力を少しでも知っていただけたら、とてもうれしく思います。

阿部秀樹

もくじ

伝統的な 日本のおかず

干物

四方を海に囲まれた日本では、
昔からさまざまな海産物を利用してきました。
しかし、冷蔵技術のなかった昔は、
生の海産物はすぐにいたんでしまったため、
人びとはさまざまな工夫をして
海産物を長い期間保存して利用できるようにしてきました。
その代表的なもののひとつが「干物」です。
旅行などで海に近い場所に宿泊すると、
朝食に必ずといっていいほど干物が出てきますね。
家庭では、夕食のおかずにもされています。
日本人の生活に深くなじんでいる干物は、
ユネスコの無形文化遺産に登録されている
「和食；日本人の伝統的な食文化」の、
重要な構成要素のひとつでもあるのです。
さあ、干物について、くわしく見ていきましょう！

その季節ごとにたくさんとれた魚を、むだなく、
日持ちするようにつくられてきた日本の干物。
干物は、海からいただくめぐみを大切にする、
日本の食文化といえるでしょう。

干物干しは、海辺の町なら、昔からよく見かけられていた
光景です。現在では、干物も乾燥機で干すことが
多くなりましたが、干物干しは日本のふるさとの
風景といっても良いかもしれません。

旅行先での楽しみ、ホテルの今朝のおかずは、
ノドグロの一夜干し。海に近い地域を旅行すると、
その地域でとれた魚の干物、地域伝統の
干物を食べることができるでしょう。

干物ってどんな食品？

魚介類を干してつくるもの

干物は、魚介類を天日や機械などによって「干す（乾燥させる）」という加工をした食品です。

では、干すことにどんな理由や利点（メリット）があるのか、干物には、ほかの海産物加工食品と比べてどんな特徴があるのか、くわしく見ていきましょう。

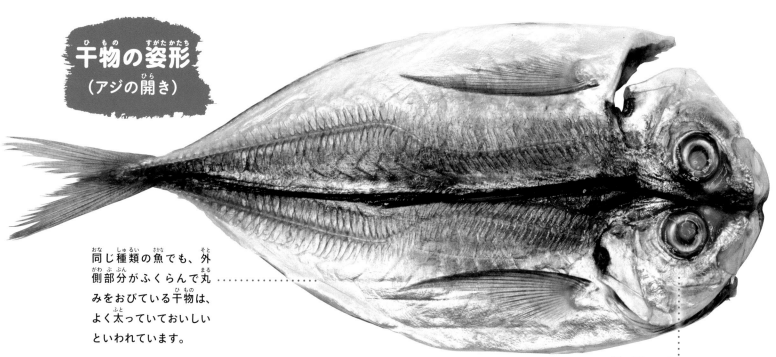

干物の姿形
（アジの開き）

同じ種類の魚でも、外側部分がふくらんで丸みをおびている干物は、よく太っていておいしいといわれています。

頭が小さく見えるものほど、脂がよく乗っています。

干物のメリット❶　保存性が高まる

生魚などの食品が「腐る」というのは、食品に微生物が大量に繁殖して、わたしたちが食べられないものになることです。微生物の繁殖には、「栄養素」「適度な温度」「酸素」「水分」が必要です。栄養素は食品に多くふくまれますし、昔は冷蔵・冷凍の技術や、酸素にふれさせない密封の技術もありません。そこで、一度塩をしてから干すことで生魚から水分を減らし、微生物の繁殖をおさえて、保存性を高めたのが干物という加工法です。

干物のメリット❷　うま味がふえる

生物の体にはエネルギーのもとになるATP（アデノシン三リン酸）という物質があります。魚が死ぬと、ATPがうま味成分のイノシン酸へと変化します。新鮮な魚より、少し時間がたった魚の方が、うま味がふえるのです。さらに時間がたつと、イノシン酸も分解してしまいますが、干物は、製造時に加えた塩分がイノシン酸を分解する酵素の働きをおさえます。また、塩分は生ぐささも消し、干すことでうま味がとじこめられます。

特徴（とくちょう）

乾物とのちがい

干物は、干すことで魚介類の水分を減らして、保存性を高めた食品です。一般的には水分を完全にはぬかないので、冷蔵保存が必要です。また、干物からさらに水分をぬいて、常温で長期保存ができるようになったものを乾物とよんでいます。乾物を料理するときは、ふつう水もどしをしてから使います。

魚に限らない

一般的に食用にされる魚は、その多くが干物になります。また、干物にだけ利用される魚もあります。さらに魚だけに限らず、一夜干しで有名なイカやタコはもちろん、バカガイやアサリなどの貝類、サクラエビなど小型のエビも干物にされます。乾物までふくめれば、なんとナマコも利用されています。

焼いて食べる

干物は、ふつうは焼くか、火であぶって食べます。しかし、魚の「塩焼き」とは、まったくちがうものです。干物とは加工法であり、塩分は保存性を高めたり、うま味をとじこめたりするために使います。一方の塩焼きは調理法であり、塩分は味の強弱（めりはり）をつけるために使うものです。

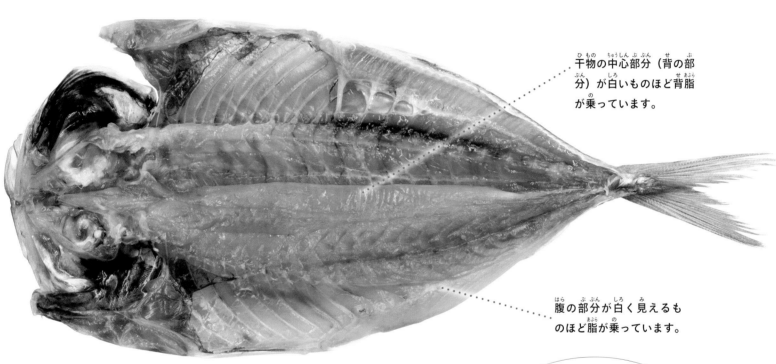

干物の中心部分（背の部分）が白いものほど背脂が乗っています。

腹の部分が白く見えるものほど脂が乗っています。

上：脂の乗ったもの

下：脂の乗りがうすいもの

干物のメリット③　骨や歯に良い

骨や歯をつくるカルシウムは大切な栄養素です。しかし、カルシウムは、ビタミンＤの助けがないと、そのままではなかなか体内に吸収できません。現代の日本人は、食生活の変化で、ほとんどの人がビタミンＤ不足だという調査結果もあります。魚はビタミンＤを多くふくむ数少ない食品で、種類によっては干物にする際に天日干しにすることで、ビタミンＤがさらにふえます。丸干し（８ページ）など、小骨も食べることができる干物なら、カルシウムとビタミンＤを効率良くとることができます。

干物にも種類がある

一言に干物といっても、下ごしらえや干し方など、その加工の仕方によって、さまざまな種類があります。下ごしらえ、干し方、それぞれのちがいによる、一般的な種類を紹介しましょう。

下ごしらえのちがい

腹開き／マアジ

開き干し

魚の腹、または背に包丁を入れて、左右の身を切りはなさないように開いてから、干したものです。腹から開く腹開き、背から開く背開き（すずめ開き）、頭を割らずに身だけを開く片袖開きなどがあります。

片袖開き／カイワリ

背開き（すずめ開き）／アユ

タチウオ

切り干し

大きな魚に使われる干物のつくり方で、魚をさばいて、切り身の状態にしてから干物にします。

丸干し

小さめの魚や細い魚に使われる干物のつくり方で、魚を開かずにそのまま干します。目の部分に串をさして、数尾の魚をまとめて干したものを「目刺し」といいます。

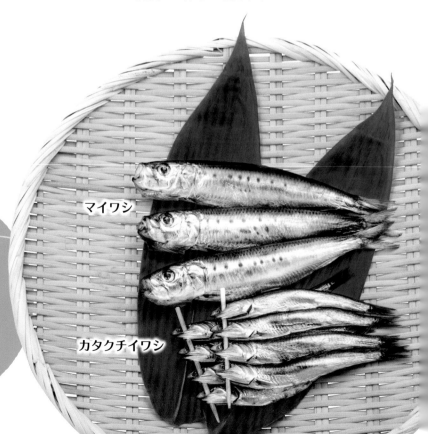

マイワシ

カタクチイワシ

干し方のちがい

干物は、ふつう魚介類を天日や機械で乾燥させてつくります。一夜干しは、もともと一晩だけ屋外に干してつくった干物で、乾燥時間が短く、身がよりやわらかいのが特徴です。素干し、煮干し、凍干し、節は、十分に乾燥させた乾物になります。

塩干し

キンメダイ

開いた魚を塩水にひたしてから、天日や機械を使って干した干物です。鮮魚店やスーパーマーケットなどで、もっともふつうに見かける干物です。

文化干し

サバ

原材料の魚を湿度を通すセロファンで包み、吸湿剤を使って干した干物です。天日干しに代わる新しい干し方として、「文化」の名前がつきました。

素干し

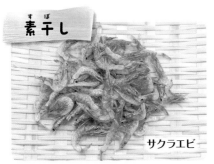

サクラエビ

原材料の魚介類を、味付けをせずに、そのまま干した干物です。サクラエビや身欠きニシン、たたみいわし（ともに29ページ）などがあります。

灰干し

サバ

原材料の魚を、湿度を通す特殊なフィルムでおおい、その上にかけた火山灰に水分をすわせてつくる干物です。手間がかかりますが、くせのない干物ができます。

煮干し

カタクチイワシ（ちりめんじゃこ）

原材料の魚を、塩水で煮てから干した干物です。カタクチイワシなどのイワシ類が代表的で、料理のだしに使われたり、ちりめんじゃこ（27ページ）にされたりします。

凍干し

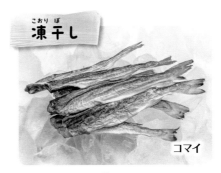

コマイ

原材料の魚介類を、凍らせたり溶かしたりをくりかえすことで水分をぬいてつくる干物です。冬の寒さがきびしい北日本で生まれた製法です。

焼き干し

マハゼ

内臓を取りのぞいた魚を、炭火などであぶって乾燥させた干物です。宮城県のマハゼや、西日本に多いあご（トビウオ／30ページ）が有名です。

燻乾品（燻製）

サーモン

細かくくだいた木材を熱し、その熱と煙で、塩水や調味液にひたした魚介類をいぶしてつくる干物です。独特の風味がついた干物になります。

調味干し

サンマ（味醂干し）

製造工程で、原材料の魚を調味液にひたして味をつけた干物です。しょう油や砂糖、みりんなどをまぜた調味液にひたしてから干す「味醂干し」が一般的です。

節

カツオ（鰹節）

原材料の魚を、木材をもやした熱と煙でいぶして（焙乾して）、かたくなるまで乾燥させたもの。鰹節など、おもに料理のだしをとるために使います。

干物の歴史は1万年以上？

縄文時代からつくられていた？

魚や貝を干した保存食の干物は、

縄文時代（今から約1万2000年〜2300年前）には

すでにつくられていたと考えられています。

当時の代表的な遺跡である貝塚からは、

縄文人たちが食べた貝のからや、魚や動物の骨、

生活道具などがたくさん出てきますが、

その貝塚のなかに、1種類の貝だけでできた、

巨大なものも見つかっています。

その場所では、交易品に使う貝の干物や乾物を

大量につくっていたと考えられています。

奈良・平安貴族も食べた干物

奈良時代（710年〜784年）や

平安時代（794年〜1185年）には、

魚などの干物が、年貢（税）のひとつとして、

地方から都におさめられていました。

平安時代に書かれた書物にも、

貴族が儀式のときに食べる料理のひとつとして、

干物料理が記録されています。

縄文時代の干物づくり

縄文時代、海辺にくらしていた人びとは、積極的に干物をつくっていたと考えられます。干物は、自分たちの保存食であるとともに、内陸地域との重要な交易品として利用されたと考えられています。
（新潟県立博物館）

平城京跡出土の木簡

木簡は、荷札などに使われた板です。右は伊豆国那賀郡射鷲郷（現在の静岡県松崎町）から、堅魚（カツオの干物）がおさめられたことを記した木簡です。

左は参河国播豆郡篠嶋（現在の愛知県南知多町）から、佐米楚割（細かくきざんだサメの干物）がおさめられたことを記した木簡です。

（ColBase）

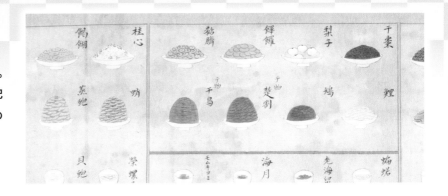

平安時代の祝いの席に出された干物
中央にある「干物 楚割」とは、干物を細かくきざんだもの。
写真は、平安時代の、貴族の儀礼などの決まりごとを記
録した書物『類聚雑要抄』を、江戸時代に写して彩色の
図録にしたものです。
（ColBase／東京国立博物館）

熨斗はアワビの干物？

　年中行事やお祝いごとのときに、知人からおくられ
る品物（贈答品）の包み紙や祝儀袋には、折り紙の
ようなマークや、ひものような絵が書かれていること
があります。これは熨斗といって、じつは干物に由来
するものです。熨斗は、もともと貝のアワビの身を、
細くひも状に切って干したもので、昔は神様へのおそ
なえ物である神饌とされたり、合戦前に武運長久を
いのる儀式に欠かせないものとして、おくり物にされ
たりしてきました。この習慣がやがて形だけ受けつが
れ、本物のアワビを使わずに、絵などで代用されるよ
うになったのが、現在の熨斗です。

　現在でも、三重県の伊勢神宮では、アワビでつくっ
た本来の熨斗（熨斗鰒）を、神様へのおそなえ物と
してつくっています。

熨斗のいろいろ。これらはみな、アワビの干物に由来しています。

伊勢神宮の神饌鰒づくり　伊勢神宮ではアワビを一般的な漢
字の「鮑」ではなく「鰒」と書き、三重県鳥羽市国崎町にある
御料鰒調製所で、伝統的な方法でつくられます。

『大日本物産圖會 伊勢国長鮑製之圖』　明治時代に発行さ
れた絵図集にえがかれた、伊勢国の熨斗鮑づくり。
（国立国会図書館）

伊勢神宮の神饌鰒　大身取鰒（写真中）、小身取鰒（右）、
玉貫鰒（左）などの決まった形があり、10月の神嘗祭、6月、
12月の月次祭にそなえられます。

江戸時代にさかんにつくられる

江戸時代（1603年〜1868年）になると、各地でその地域の特産品づくりが積極的にすすめられました。

その結果、各地を代表する干物がつくられ、一般の人びとも干物を口にする機会がふえました。

その当時のようすは、江戸時代にえがかれた浮世絵などでも見ることができます。

歌川広重（二代）『諸国名所百景／若狭かれいを制す』

『諸国名所百景』は、江戸時代末の1859年〜1861年に出版された浮世絵で、日本各地の名所を紹介したものです。若狭は現在の福井県南西部にあたります。
（福井県立美術館）

長谷川貞信『東海道五十三次 四十弐／沼津三島へ壱り半』

長谷川貞信は江戸時代末から明治時代初期の浮世絵師。作品は、東海道の宿場町であった現在の静岡県沼津市をえがいたものです。沼津市は現在も干物産地として有名です。
（立命館大学，ARC所蔵，arcUP3088）

ヤナギムシガレイ

有名産地にちなむ「若狭かれい」のほか、形から「笹かれい」「柳かれい」などとよばれます。干物にすることでよりおいしくなる魚の代表で、福井県の名産品になっています。

温泉地であり、海水浴場としても有名な神奈川県真鶴町の、1966年（昭和41年）ごろのようす。海岸をうめつくすほどの、大量の干物がつくられています。（真鶴町）

そして現代へ…

明治時代（1868年〜1912年）以降、
道路や鉄道が発達して、人びとが気軽に
観光旅行に出かけられるようになりました。
各地の干物は、海辺の町の郷土料理として、
また、お土産品としての人気が高まります。
時代が進むにつれて冷蔵技術も発達していったため、
地方の干物が、東京や大阪などの大都市にも
より多くとどけられるようになっていったのです。
現在では、干物は日本食の定番となっただけでなく、
干物を使った新しい商品が開発されたり、
西洋風の料理が考案されたりするなど、
さらなる進化の道を歩んでいます。

静岡県熱海市のレストランで提供される、現代感覚の干物を使った一皿。わたしたちの食事も、西洋風の味つけがふつうになりましたが、干物の調理法も、時代とともに変わってきています。

13

干物が食卓にとどくまで

みなさんは、干物は魚をただ干すだけでできると思っていませんか。

干物づくりにとって、たしかに干す作業はとても大切です。

しかし、おいしい干物をつくるには、原料となる魚の目利きから

魚を干すまでにかかる、すべての作業が大きな意味を持ちます。

そんな干物製造のようすを、くわしく見てみましょう。

岩礁域を泳ぐマアジの群れ。マアジは干物にされる魚の代表です。

マアジ

キチジ（キンキ）

14

干物になる魚

干物にされる魚には、

マアジ、マサバ、マイワシ、サンマなど、

背が青いことから「青魚」とよばれている魚や、

カマス、アマダイ、エボダイ、キンメダイ、

ホッケなどの、白身魚が知られています。

特に干物に不向きな魚というのはなく、

食用魚のほとんどは干物にすることができます。

ただし、脂の乗りが良すぎると乾きにくいため、

魚種によっては干物にしない場合もあります。

アカアマダイ

アカカマス

マサバ

イトヨリダイ

キンメダイ

漁港での水揚げは、季節に
よっては、まだ暗い夜明け
前におこなわれます。

どんな魚があるか、水揚げのようすを、真剣な目で見守ります。

水揚げされたホウボウ。ホウボウも
おいしい干物になります。

1 水揚げ・仕入れ

静岡県熱海市にある干物製造会社では、

仕入れ担当者が早朝から漁港や魚市場に出かけて、

その日、干物にする魚を仕入れます。

季節ごとに、たくさんとれる魚も、

おいしくなる魚も変わってきます。

水揚げされた魚の種類や大きさをよく見て、

仕入れる魚や量を決めていきます。

また、会社によっては、

地方で漁獲され、冷凍された魚を、

水産会社や卸売市場などから仕入れています。

魚市場にならべられたアマダイ
やマダイを見て、魚の状態や値
段などを確認します。

17

干物にするのは職人の技術

マアジを開く、ベテランの職人。機械化も進んでいますが、職人による手開きにこだわる干物工場も多くあります。

② 🐟 魚を開く

仕入れた魚は、加工所にはこんで、
すぐに開いていきます。
開き方が悪いと、干物の見栄えも悪くなるので、
干物職人は、ていねいに、しかしすばやく、
たくさんの魚を休みなく開いていきます。
近年は、干物用の魚を開く機械もありますが、
ベテラン職人の技には、なかなかかないません。

職人たちは、使いこみ、手になじんだ出刃包丁を使って、魚を開いていきます。大きなアマダイも、あっという間に開きになりました。

③ 🐟 洗浄

開き終わった魚は、身についた血や、
内臓をおおっていた膜などを、
ブラシを使ってきれいにあらい流します。
また、太くてかたい小骨も、取りのぞいておきます。
血などがのこっていると、くさみの原因になり、
できあがりの見た目にも影響するので、
1枚1枚、ていねいにあらいます。

干物づくりでは、一般に小さめの魚は小骨を取りません。しかし、アマダイのような大きめの魚では、よけいな小骨を取って、食べやすい状態にします。

洗浄では、長く水にひたしてあらっていると、うま味が流れでてしまうので、手早く作業する必要があります。

洗浄を終えた魚は、大きさごとにそろえ、ざるなどにならべて水気をしっかり切ります。

魚を塩水に漬けこむ、たて塩法。味を均一にしやすい方法です。うま味が流れでることがあるので、塩水に漬ける時間は分単位で調整します。

塩分濃度をしっかり確認して、漬けこみ用の塩水をつくります。

ワラサ（ブリの若魚）の切り身を、味醂干し用の調味液に漬けます。

4 漬けこみ

魚を塩分濃度12〜15％の塩水に漬けこみます。

魚の種類や大きさ、脂の乗り具合によって、

漬けこむ時間や塩分濃度を細かく調整します。

乾燥時に水分をぬけやすくし、保存性を高めるほか、

味や食感を良くするために大切な作業です。

魚を塩水に漬けこむことを「たて塩」といいますが、

塩水に漬けずに、魚にじかに塩をふりかける

「ふり塩」という方法もあります。

アマダイ（アカアマダイ）
アカアマダイは身がやわらかく水分が多めの魚ですが、干物にすることで余分な水分がぬけて、とてもおいしくなります。江戸幕府を開いた徳川家康の好物だったといわれています。

塩水落としは、一瞬で終えるような作業ですが、
干物の味や食感に影響する大切な作業です。

5 塩水落とし

塩水に漬けこんだ魚をざるなどに上げて、

魚の表面に残ったよぶんな塩水を真水であらいながします。

干物の味につながる塩分は、漬けこみのときに魚にしみていますが、

魚の表面に塩水が残ると、干物がよけいに塩からくなってしまいます。

それをふせぐため、干す前に手早くあらいながしておくのです。

乾燥機に入れるため、網にならべられたキチジ（キンキ）。

キチジ（キンキ）
北の海にすむカサゴのなかまで、キンキの別名でも知られています。煮付けが有名ですが、干物も人気がある魚です。

機械干しのようす。乾燥の方法には、冷風乾燥と温風乾燥があります。機械内部で風をあてて、魚から水分をぬいていきます。

6 乾燥

干物の乾燥方法には、昔ながらの天日干しと、
乾燥機を使った機械干しがあり、
どちらの方法でもおいしい干物ができます。
天日干しでは、職人がその日の天気を見て、
干す時間などもしっかり管理して、
品質の良い干物ができるようにしています。
一方、製造量が多い会社などで主流の機械干しは、
天気に関係なく安定した品質で製品がつくれ、
衛生面でも管理をしやすいことが特徴です。
機械を細かく調整し、最適な干し時間を決めます。

7 卸売市場へ

日本各地で製造された干物は、
卸売会社（大卸）に商品の良し悪しを目利きされて、
都市部にある卸売市場に集められます。
卸売市場には、日本中の良いものが
集まる仕組みになっているのです。
卸売市場では、販売店に商品をおろす仲卸業者や、
大手デパートやスーパーマーケットの仕入れ担当者が、
ここでも目利きをして、取引がおこなわれます。
こうして、私たちの食卓に干物がとどきます。

東京都中央卸売市場 豊洲市場のせり場に
集められた、さまざまな干物。卸売業者が、
取引相手の希望に合うような商品を、各
地の水産会社などから集めてきます。

卸売市場では、卸売業者や
仲卸業者が、商品の品質をたし
かめ、その商品に見あった値段をつ
けて、取引をしていきます。また、製造元の
社員も市場をおとずれて、卸売業者と意見交換をします。

いろいろな干物

ホッケ（マホッケ）

東北地方から北海道周辺に分布します。脂が多いため鮮度が落ちやすく、昔はあまり利用されませんでしたが、第二次世界大戦後、冷蔵技術の発達とともに利用がふえました。現在は、特に国内の資源が減少している魚のひとつです。

エボダイ（イボダイ）

関東の人にはエボダイで通じますが、関西などでは通じません。イボダイが正式な和名で、エボダイは、東京都や神奈川県、静岡県などの地方名です。実際には体にイボはなく、えらぶたの後ろの黒斑をイボに見立てて名前がつけられました。やわらかい白身で、さまざまな料理に向きますが、うま味がより感じられる干物は昔から人気です。

シマホッケ（キタノホッケ）

北海道以北に分布し、ホッケよりも冷たい海にすみます。体に縞模様があるのが名前の由来です。ホッケより脂が多いので、現在はホッケの干物よりもシマホッケの干物の方が流通量も多くなっています。頭を落とした干物にされ、おもにロシアやアメリカから輸入されています。

サヨリ

サヨリは、上品でくせがない味わいですが、鮮度の落ちが早い魚です。干物にすることでうま味をとじこめ、日持ちもするようになります。春を代表する魚でもあり、その干物は瀬戸内海地域が有名です。

マイワシ

カタボシイワシ

レンコダイ（キダイ）

正式な和名はキダイで、体に黄色みが強いことに由来しますが、流通上はレンコダイが多く使われます。マダイと比べると身が水っぽいですが、干物にすることで味わいは一級品になります。また、料理のだしをとるための煮干しにすることもあります。

カタボシイワシ

近年、日本沿岸の海水温が上昇している影響で、太平洋岸域にカタボシイワシという魚がふえています。カタボシイワシは、姿はマイワシによく似ていますが、同じニシン科でもサッパという魚のなかまで、本来はより南の海にすみます。マイワシより身の赤みが強く、小骨が多いのが特徴。今後はカタボシイワシの干物もふえていくかもしれません。

カラフトシシャモ

シシャモ

シシャモとカラフトシシャモ（カペリン）

シシャモは、北海道の太平洋岸の一部に分布する魚です。昔は北海道だけで食べられていましたが、昭和40年代ごろから全国的に食べられるようになり、卵をもった「子持ちシシャモ」の干物は特に人気がありました。しかし資源が減少したため、現在は北太平洋や北大西洋に広く分布するカラフトシシャモが輸入され、利用されています。カラフトシシャモは、シシャモに比べてうろこが細かく、体色も異なります。

エイヒレ

ガンギエイやアカエイなどのひれを、塩干しや燻製にしたもの。火であぶっておつまみにするほか、菓子などに加工されることもあります。

スルメ

イカをかたく干したものを「スルメ」といいます。ケンサキイカを使うものは「一番スルメ」といわれる高級品で、スルメイカを使うものは「二番スルメ」といいます。スルメは、水分がほぼ完全にぬけるまで乾燥させますが、イカを軽く干して水分をあまりぬかない「一夜干し」も多くつくられています。

日本の乾物は中華料理の高級食材！

魚介類などの原材料を、干物よりもカラカラに乾燥させたのが乾物。そのなかでも、干しアワビや干しナマコ、フカヒレ（29ページ）、干し貝柱は、中華料理の高級食材として有名です。時間をかけて石のようにかたく干すことで、原材料のうま味がより濃くなり、おいしい料理になるのです。じつは、これらの乾物は、江戸時代から日本産のものが中国へと輸出されていて、俵につめて送られたことから「俵物」とよばれていました。日本の技術で、ていねいにつくられたこれらの干物は、現在も中国や台湾などで評価が高く、おどろくような高値で取引されています。

干しアワビ

ナマコやフカヒレ、魚の浮き袋とともに中国では「四大海味」とよばれます。水でもどし、長い時間じっくり煮こんで調理します。

干し貝柱

ホタテガイの貝柱が原料で、強いうま味があり、シュウマイや炒め物、スープのだしなど、多くの中華料理に使われます。

干しナマコ

薬としての効果もあり、中国では明王朝や清王朝の皇帝も食べたといわれています。数日間かけて水でもどし、煮こみ料理などにされます。

シラスも干物

シラス漁　漁船１そうで網を引き、シラスの群れをとらえます（神奈川県葉山町）。

シラスは、おもにイワシ類の稚魚と、その加工食品を指し、ご飯のおかずとして、子どもからおとなまで人気があります。

一言にシラスといっても、加工の具合でいくつかの種類があり、シラスを塩ゆでして水気を切ったものを「釜揚げシラス」、塩ゆでしたシラスを天日や機械で、やわらかめに干したものを「シラス干し」、かために干したものを「ちりめんじゃこ」といいます。

シラス干しには、カタクチイワシがもっとも良いとされ、おもに関東地方で好まれています。

一方で、西日本ではちりめんじゃこが好まれ、イワシ類のほかに、イカナゴやキビナゴも使われます。

丸ごと食べるシラスには、カルシウムが多くふくまれます。

また、カルシウムの吸収を助けるビタミンＤは、天日干しで日光（紫外線）にあたるとふえるので、シラス加工品では天日干しの時間が長い順に多くなります。

ゆで上げ　シラスは水揚げ後すぐにあらって選別し、高温の湯に泳がすようにして、ゆで上げます。

陰干し　ゆで上がったシラスは水を切り、風通しが良い日陰で、網に広げて干していきます。

シラス干しやちりめんじゃこは、卸売市場でもあつかい量が多く、シラスだけを専門にあつかう仲卸店もあります。

釜揚げシラス
とてもやわらかくて、ふわっとした食感が特徴です。

シラス干し
やわらかさと歯応え、うま味がほど良く感じられます。

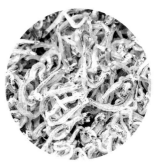

ちりめんじゃこ
歯応えがあり、かめばかむほどうま味が口に広がります。

27

お国自慢の干物

鮮魚店やスーパーマーケットなどで見かける干物以外にも、
日本各地には、その土地ならではの魚介類を使った、
ちょっと変わった干物がたくさんあります。
干物でぐるっと日本一周をしてみましょう！

ホタルイカ（富山県）

発光することで有名なホタルイカは、春に産卵のため富山湾に大量に現れます。そのホタルイカを素干しにしたものです。

ゲンゲ（富山県）

ゲンゲは、水深200mより深い場所にすむ深海魚で、富山湾の名物。干物では、素干しや一夜干しに加工されています。

サメたれ（三重県）

アオザメ（現地名イラギ）などのサメを使った伊勢地方の干物で、切り身を塩干しや味醂干しにします。サメの干物は、伊勢神宮への神饌にもされています。

ヒメガイ（三重県）

伊勢湾でとれるバカガイのむき身（別名青柳）を、塩水であらってから干したもので、明和町ではヒメガイ（姫貝）とよんで、名産品としています。

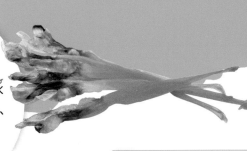

串アサリ（愛知県）

干潟の多い三河湾は、昔から有名なアサリの産地。そこでとれたアサリを串に刺して干した串アサリは、江戸時代に幕府に献上されていました。

サクラエビ（静岡県）

サクラエビは深海にすむエビで、日本では静岡県の駿河湾がおもな産地になっています。富士川の河川敷で素干しにされる光景は有名ですが、近年は資源が減少しています。

ハタハタ（秋田県）

秋田県の県魚であり、さまざまな郷土料理に使われるハタハタ。干物ではおもに丸干しにされます。また、兵庫県や鳥取県でもつくられています。

鮭とば（北海道）

おろしたサケの身を、皮つきのままたてに細く切り、海水であらってから冬の寒風にさらして干したものです。とてもかたい干物ですが、火であぶるとやわらかくなります。

身欠きニシン（北海道）

ニシンの素干しで、ニシンの頭と内臓を取って2〜3日干した後、身を開いて背骨を取り、さらに20日前後干してつくります。米のとぎ汁にひたしてもどし、甘露煮などに使います。

フカヒレ（宮城県）

サメ漁がさかんな宮城県気仙沼市。そこで水揚げされ、加工されたサメのひれは、中華料理の高級食材フカヒレとして、中国にも輸出されています。

くさや汁に漬けられたムロアジ（伊豆大島）

桜干し（千葉県）

カタクチイワシを味醂干しにしたものです。名前の由来には、桜の季節が製造の最盛期だからとか、魚を開いた姿が桜の花びらに似ているからなどの説があります。

くさや（東京都）

伊豆諸島でつくられる干物で、魚をくさや汁（塩水をつぎたしながら使い続ける発酵液）に漬けてから干します。できあがった干物はくさや汁の影響で独特のにおいがしますが、強いうま味のある干物になっています。

たたみいわし（神奈川県）

カタクチイワシの稚魚（シラス）をあらい、均一な厚さにならべて、板状に干したもの。神奈川県の湘南地域でつくられたのが始まりといわれています。

棒鱈の旅

冷たい海にすむマダラは、昔から北日本の重要な水産資源です。そのマダラを背から開き、塩をつけずに水分がなくなるまで干したものは、かたい棒状となり、「棒鱈」とよばれます。棒鱈は、北海道や東北地方で使われるだけでなく、江戸時代から北前船（日本海側を通った交易船）で西日本へと運ばれ、正月やお盆の煮物料理に使われたのです。九州の大分県日田、玖珠地方では、棒鱈のえらと食道、胃の部分だけになった「たらおさ」を料理に使います。これは、棒鱈が九州に着く前に人気のある部分から切り売りされたためといわれますが、えらや胃もむだなく利用する日本の食文化の一面ともいえるでしょう。

たらおさ　水でやわらかくもどし、甘辛く煮付けて食べます。福岡県の一部では「たらわた」「たらちゅう」とよんで利用します。

棒鱈　石川県金沢市で売られる棒鱈。棒鱈は京都の正月料理に欠かせない存在ですが、北前船の寄港地で、京都文化の影響を強く受けた金沢でも正月に棒鱈を食べています。

ワラスボ（佐賀県）

日本では有明海の干潟だけに分布する魚です。丸干しにするほか、干してから粉にしたものは「もくさい」とよばれ、ふりかけのようにして食べます。

イラブー（沖縄県）

イラブーとはエラブウミヘビのことで、沖縄県や鹿児島県奄美地方では、昔からエラブウミヘビを燻製にして食べていました。伝統的な沖縄料理のイラブー汁が有名です。

あご（長崎県ほか）

トビウオのなかまは、西日本では「あご」とよばれます。長崎県や山陰、北陸地方などでは、このあごを焼き干しにして、料理のだしをとるのに使います。鰹節や煮干しのだしとは、ちがう味わいになります。

がらんつ（鹿児島県）

「がらんつ」とは、鹿児島県の方言で、イワシなどの小魚を使った干物のこと。干物の有名産地でもある阿久根市などでは、アカイカの子どもを干したものもあります。

のうさば（福岡県）

宗像市の鐘崎地域でつくられるホシザメの干物。細かくきざんで調味液に漬けこみ、正月に食べます。数の子の代用ともいわれますが、強さの象徴として神様にそなえたことが由来ともいわれます。

ばちこ（島根県ほか）

ナマコの卵巣（くちこ）をたばねて干したもので、形が三味線をひくバチに似ていることが名前の由来です。つくるのに手間がかかる、とても高価な干物です。

でべら（広島県）

尾道市などでつくられる、タマガンゾウビラメの干物で、数尾を縄に通して天日干しします。かたいので、木槌などでたたいてからあぶるか、そのまま素揚げにして食べます。

ヤケド（高知県）

高知県の沖には深い海があり、そこでとれる深海魚も干物にされます。うろこが取れた姿からヤケドとよばれるハダカイワシの干物は、高知県ならではの干物です。

サンマ（和歌山県、静岡県ほか）

紀伊半島や伊豆半島などでは、日本沿岸を回遊し、産卵のため南下してくるサンマを使って、干物をつくっています。丸干しのほか、開き干しや味醂干しにもされています。

タコ（岡山県ほか）

岡山県倉敷市下津井や兵庫県明石市などの瀬戸内海地域のほか、愛知県南知多町の日間賀島では、マダコの姿干しが有名です。あぶって食べるほか、タコ飯の具に使います。

ウツボ（和歌山県ほか）

「海のギャング」とよばれるウツボも、おいしい干物になります。鹿児島県や和歌山、三重県、千葉県などでつくられ、干物を細かくきざみ、素揚げしてから甘辛く味つけして食べます。

干物店をのぞいてみよう

IV

静岡県熱海市にある干物専門店。お土産に干物を買いもとめる観光客が、つぎからつぎへとおとずれています。

旅行などで出かけることもある海辺の町には、
干物を製造、販売している専門店があります。
こうした干物の専門店では、
地元でとれる魚を使って干物をつくる店も多く、
季節ごとに、そのときに多くとれる魚を利用します。
そのため、ふだんあまり見かけないような種類の干物が
売られていることがあります。

カマス
身が水っぽいカマスは、生よりも干物にすることで、よりおいしくなり、昔からさかんに干物にされてきた魚です。

32

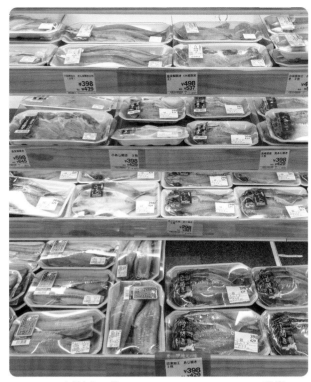

デパートの食品売り場やスーパーマーケットでも、定番のアジの開きをはじめ、数種類の干物が売られています。

海辺の街の土産物店にならぶ、さまざまな味醂干し。少し変わった干物を食べてみたいなら、こうしたお店に立ちよってみましょう。

干物専門店のなかには、
都市部にある百貨店やショッピングモールに
支店を出しているところもあります。
また、大きなスーパーマーケットは、
取りあつかっている干物の種類も多いので、
買い物のときには、ぜひ売り場を見てみましょう。

キンメダイ
脂のしっかり乗ったキンメダイは、干物にしてもおいしく、とても人気があります。また、さまざまなアレンジ料理にも使えます（37ページ）。

干物をつくってみよう！

干物は、家で手づくりすることができます。

スーパーマーケットや鮮魚店で買ってきた魚は

もちろん、自分や家族が海で釣ってきた魚で、

干物づくりをしてみるのも良いでしょう。

自分で手づくりした干物は、買ってきたものとは、

一味も二味もちがう味わいです。

魚をさばくときは包丁を使う必要があるので、

その工程はおとなの人にやってもらいましょう。

ただし、しっかりと指導を受け、見守ってもらえるなら、

安全な道具を使って、自分で挑戦してみるのも良いかもしれません。

大変そうだけど
がんばって
挑戦してみるね！

魚の準備

今回、干物としてなじみがあり、手ごろなマアジを用意。魚は、鮮度が良く、写真上側のように体に丸みのあるものを選びます。

用意するもの

包丁、うろこ取り、まな板、漬けこみ用の容器（バット）、食塩のほか、食塩の計量に使う秤と容器、キッチンペーパーも用意します。

塩水づくり

塩水の濃度は10〜12％（水1ℓに対して食塩120〜140g）が向いています。塩がとけきるように、事前につくっておきましょう。

① うろこを落とす

うろこは、専用のうろこ取りを使えば簡単。尾から頭の方へ動かして、うろこを取ります。包丁の刃や背を使って取ることもできます。

② えらを取る

包丁の刃を、魚の肛門（腹びれの前あたり）から入れて、下あごのところまで切り開きます。そして、手でえらを引きぬきます。

③ はらわたを取る

開いた腹に包丁の刃先を入れて、中からはらわた（内臓）をかきだします。そのときに、はらわたをつぶさないようにすると良いでしょう。

④ 魚を開く

中骨（背骨）にそって包丁の刃を入れ、魚を開きます。魚を切り分けてしまわないよう、背側の皮を残すように切り、最後に頭を割ります。

⑤ 洗浄

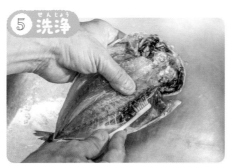

歯ブラシなどを使って、魚についた血や腹部の膜をあらいながします。これらが残ると干物にくさみが出ることがあります。

洗浄前

洗浄後

⑥ 漬けこみ

塩水に20〜30分漬けこみます。10分では塩味がうすく、30分以上では強すぎます。魚の大きさによって漬ける時間を調整しましょう。

⑦ 水分をふく

漬けこみが終わったら、キッチンペーパーで水分（塩水）をふきとります。これには腐敗をふせぎ、余分な塩分を取る意味があります。

⑧ 干す（冷蔵庫）

冷蔵庫で干物を干すこともできます。網付きのバットなどに入れ、一晩から1日干します。場所を取るので整理整頓が大切です。

⑨ 仕上がり（冷蔵庫）

冷蔵庫で干した干物は、天日干しや陰干しに比べ、表面から内側まで均一に水分がぬけて全体にやわらかい仕上がりになります。

⑩ 干す（天日、陰干し）

風通しの良い場所で、短時間、天日に当てて干すか、日陰でじっくり干します。室内で、扇風機を使って干す方法もあります。

⑪ 仕上がり（天日・陰干し）

天日干しや陰干しの干物は、風が当たる表面はパリッと乾き、内側はほど良く水分が残ってやわらかい仕上がりになります。

あとかたづけ

魚をさばいたときに出た生ゴミには、まず熱湯をかけます。熱がさめたら、使ったキッチンペーパーなどといっしょに、ビニール袋に入れて密閉し、燃えるゴミとして出しましょう。ゴミの収集日まで日数がある場合は、ビニール袋ごと冷凍庫で凍らせてしまえば、においなどを気にする必要もありません。

干物をおいしく食べよう！

多くの人のおかげで食卓にとどいた干物。

やっぱり、おいしく食べたいですね。

干物を焼くにはグリルやフライパンを使いますが、

干物は焼き方しだいで味が変わります。

日本伝統の食品なのに、調理を少し工夫すれば、

洋風の料理にだって変身するのです。

ここでは干物調理のコツを紹介しましょう！

グリルで焼く方法

1 焼く前に網にサラダ油をぬり、グリルを予熱して十分に温めておきます。干物は皮を下にして置き、大きな干物は熱の強いグリル奥に頭を向けて置きます。

2 干物を乗せたら中火にセットして、焼いていきます。こがさないよう、ときどき焼け具合を見ましょう。余分な脂は、焼く間にグリルの皿に落ちます。

3 両面焼きグリルの場合、ほど良くこげ目がついたら焼きあがりです。片面焼きグリルの場合は、干物を裏返し、皮目も少し焼いて完成です。

フライパンで焼く方法

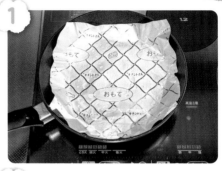

1 フライパンで焼く方法は、あとかたづけが楽なので人気があります。まずフライパンを温めて市販の焼き物用クッキングシートや、ホイルシートをしきます。

2 干物は、はじめは皮を下にして置き、中火にかけて焼いていきます。干物の両端（腹）の部分が白っぽくなってきたら、裏返して身側を下にします。

3 焼け具合を見ながら、身側を焼き色がつくまで中火で焼きます。においが気になる場合は蓋をしても良いですが、表面がやわらかめになります。

4 焼き上がり。魚焼き専用のグリルの方が、ややふっくらと仕上がりますが、かたづけの手間がかからず、こげやすい味醂干しにも向いています。

冷凍の干物は、グリルの場合は解凍せずに焼いた方がおいしく焼きあがります。フライパンの場合は解凍して、水分をしっかりふいてから焼きましょう。

干物のアレンジ料理に挑戦

キンメダイ干物のアクアパッツァ

フライパンにオリーブオイルを入れて、弱火でニンニクみじん切りを炒めます。香りが出たら、キンメダイの干物を皮を上にして、フライパンの中央に入れて中火にかけます。白ワイン1/2カップをフライパンに入れてアルコールをさっと飛ばしたら、水1/2カップを加えます。食べやすい大きさにカットしたミニトマトやパプリカ、マッシュルーム、アサリなどを入れて、蓋をして蒸し焼きにします。塩味は干物から出てくるので、よけいな味つけはいりません。すべての食材に火が通ったら、火を止めてオリーブの実とイタリアンパセリをそえればできあがり。
＊冷凍干物は解凍せずに、そのまま入れてつくることができます。

干物でかますご飯

人数分のカマスの干物を、グリルでこんがり焼きます。焼き上がった干物の頭と骨を取り、ていねいに身をほぐします。ご飯は、梅干しを入れて炊き、炊き上がったら梅干しの種を取り、ほぐしたカマスの身と、小口切りにしたミョウガとごまを加えてまぜれば、できあがり。

アジ干物のサラダ風南蛮漬け

小アジの干物2枚を食べやすい大きさに切り、小麦粉をまぶします。フライパンでサラダ油を温め、弱めの中火で干物の両面を5分ずつ焼きます。熱いうちに漬け汁（砂糖大さじ1、酢大さじ4、しょう油大さじ2）に入れて、約30分漬けこみます。食べる前に、うす切り玉ねぎ、千切りニンジン、千切りピーマンとまぜ、器にもりつければ完成！

カマス干物のイタリアントマト煮

フライパンにオリーブオイルとニンニクみじん切りを入れて弱火で熱し、香りが出たら玉ねぎみじん切りを入れ、中火で炒めます。玉ねぎが透明になったら、カマス干物（大）を、皮を上にして入れて2〜3分焼いた後、カットトマト1缶（約400ｇ）と、同量の水を入れて強火にかけます。沸騰したら砂糖大さじ1弱を加え、中火で約10分煮こみ、ハーブソルトで味を整えれば完成。お好みでフレッシュバジルを散らしてもグッド！

海のめぐみと干物文化を守るために

2023年の時点で地球の総人口は80億人をこえています。

その人たちが食べる水産物の総量は約1億6000万tで、

食用以外の消費を合わせると約1億8000万tにもなります。

その一方で、現在漁獲されている水産資源の35%は、

漁獲量に対して資源の回復が追いつかなくなっていて、

このままでは漁業を続けていくことがむずかしくなっています。

2015年の国連サミットで採択された

2030年までに持続可能でより良い世界を目指す国際目標

「SDGs（持続可能な開発目標）」では、

14番目に「海の豊かさを守ろう」をあげています。

これは、適正にとって、適正に消費しようという提言です。

干物は、たくさんとれた魚を保存し、むだなく利用する方法であり、

上手に食べれば、大きな骨以外、食べ残しが少ない食品です。

日本の伝統的な食文化である干物を食べることは、

海の豊かさを守ることにつながるかもしれません。

海の豊かさが続き、水産業で働く人たちや、

消費者のわたしたちも笑顔になれる未来のために、

考えて、行動を起こす時期に来ているのです。

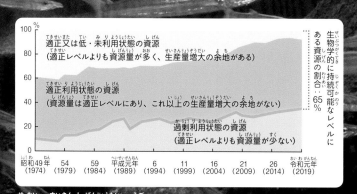

世界の水産資源状態の動き
年々、余裕のある資源が減り、漁業の持続がむずかしくなる資源がふえています。

図版参考／水産庁「令和4年度水産白書」第4章：水産業をめぐる国際情勢、
FAO「The State of World Fisheries and Aquaculture 2022」

わたしたちにできること！

- 水産物・加工品の原産地を調べてみよう
- 持続可能な漁業、養殖業で生産された魚を食べよう
- 必要な分だけ、むだなく買って食べよう
- 海洋ゴミを減らすためゴミ分別をしよう
- 養殖や栽培漁業について調べてみよう

日本も官民あげて取りくむ

海の豊かさを守るために、日本でも国や自治体、関係官庁はもちろん、漁業関係者や流通業者などをふくめ、官民あげて取りくんでいます。国は漁業や水産資源に関するさまざまな法律を定め、また周辺の諸外国との間で国際条約を結んで、国内外で漁獲量の管理や交渉などを進めています。

漁業関係者も、漁業組合などが中心になり、資源の減少が著しい水産物に対して、自主的に漁獲量や漁期の制限をもうけたり、休漁や禁漁の期間を定めたりしています。また、栽培漁業や養殖漁業を進めることで、水産資源の増加や水産物供給量の維持に努めています。

水揚げされた水産物で製品をつくる水産加工業者や、各地の魚市場から都市部の卸売市場へ水産物を集める卸売業者（大卸）も、国や漁業関係者の取りくみに協力しています。さらに、自社の製品や取りあつかう水産物が、水産資源や環境に配慮した、持続可能な漁業や養殖業で生産された水産物であることを示す「水産エコラベル」をつけられるようにするなど、次の世代につなぐさまざまな努力を続けています。

水産エコラベル
水産エコラベルがつけられた水産物は、MSCジャパン、ASCジャパン、マリン・エコラベル・ジャパン協議会（MEL）などの非営利組織である運営団体が策定した規格にもとづき、第三者の審査機関の審査によって認証された漁業、養殖業が生産しています。

サンマの水揚げ
サンマは近年、海洋環境の変化による漁場の移動などが原因で、資源量が減っています。資源を守るために、サンマを漁獲する近隣の国々とも、国際的な取り決めをする必要があります。

さくいん

監修 🐟 一般社団法人 大日本水産会
魚食普及推進センター
（山瀬茂継・早武忠利・内堀湧太）

水産業の振興をはかり、経済的、文化的発展を期する事を目的として明治15年（1882年）に設立された一般社団法人大日本水産会の一事業として、魚や海、漁業に関する情報発信および普及活動をおこなっている。教育機関を中心とした出前授業のほか、全国に水産物の楽しさを伝えるために、ホームページ上で食育プログラム、魚を用いた自由研究の紹介、魚のさばき方や保存方法のほか、衛生面などのビジネス向け情報もあつかっている。

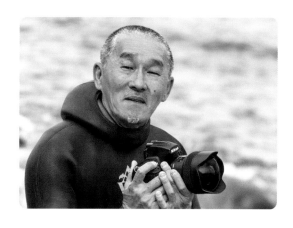

🐟 協力者関係
特別協力 福地享子（豊洲市場 銀鱗文庫）、丸千千代田水産株式会社

取材協力 東京都中央卸売市場 豊洲市場、東京都水産物卸売業者協会、東京魚市場卸協同組合、株式会社マルツ尾清（豊洲仲卸）、株式会社山治（豊洲仲卸）、株式会社日本丸大（豊洲仲卸）、株式会社釜鶴（干物製造）、Himono Dinig かまなり（干物料理）、大川水産株式会社（干物）、株式会社深谷水産（干しアワビ、干しナマコ）、有限会社くさやの小宮山（くさや）、有限会社ゆうしげ丸（シラス）、まるいひもの店（干物）、石丸食品株式会社（棒鱈）、橋本商店（のうさば）、宗像漁業協同組合（のうさば）、草場哲也（のうさば）、お茶・食料品の店てるや（イラブー）、葛西臨海水族園、いとう漁業協同組合網代支所、熱海魚市場

撮影協力 知床ダイビング企画（北海道）、大島ダイビング連絡協議会（東京都）、ダイビングショップNANA（神奈川県）、大瀬館マリンサービス（静岡県）、獅子浜ダイビングサービス（静岡県）、須江ダイビングセンター（和歌山県）、ブルーアース21長崎（長崎県）、ダイビングショップSB（鹿児島県）、株式会社イノン、株式会社エーオーアイ・ジャパン、株式会社シグマ、株式会社ゼロ、株式会社タバタ、二十世紀商事株式会社、株式会社フィッシュアイ

写真画像提供 新潟県立博物館、神宮司庁／三重県鳥羽市国崎町町内会、福井県立美術館、立命館大学アート・リサーチセンター、真鶴町、一般社団法人MSCジャパン、ASCジャパン、マリン・エコラベル・ジャパン協議会、国立国会図書館、ColBase、PIXTA

干物料理コーディネート　林くみ子
装丁・デザイン　山﨑理佐子
企画・編集協力　安延尚文
校正　有限会社 ペーパーハウス

写真・文 🐟 阿部秀樹（あべ ひでき）

1957年、神奈川県生まれ。立正大学文学部地理学科卒業。幼少時から「海が遊び場」という環境で育ち、22歳でスクーバダイビングを始める。数々の写真コンテストで入賞を果たした後、写真家として独立。水生生物の生態撮影には定評があり、特にイカ・タコ類の撮影では国内外の研究者と連携した撮影を進め、国際的な評価も得ている。現在は、日本の海の多様性に注目し、海と人との関わりや四季折々の情景などを意識した作品の撮影を進めているほか、多くの経験を活かし、テレビ番組等の撮影指導やコーディネートも手がけている。おもな著書に『和食のだしは海のめぐみ ①昆布 ②鰹節 ③煮干』（第23回学校図書館出版賞受賞）、『食いねぇ！お寿司まるごと図鑑』（ともに弊社刊）、『イカ・タコガイドブック』（共著／阪急コミュニケーションズ）、『ネイチャーウォッチングガイドブック 海藻』（共著）、『ネイチャーウォッチングガイドブック 魚たちの繁殖ウォッチング』（ともに誠文堂新光社）、『美しい海の浮遊生物図鑑』（写真／文一総合出版）などがある。また、テレビ番組の撮影指導・出演に「ダーウィンが来た！生きもの新伝説 小笠原に大集合！超激レア生物」（NHK）、「ワイルドライフ」、「ニッポン印象派」（NHK・BS）など。国外の映画やテレビ番組撮影にも関わっている。静岡県伊豆の国市在住。

🐟 参考文献
『さかなの干物』（竹井誠／石崎書店）、
『干物のある風景 View of Dried Fish 新野大写真集』（新野大／東方出版）、
『食材魚貝大百科1〜4』（監修：多紀保彦、奥谷喬司、近江卓、武田正倫 企画・写真：中村庸夫／平凡社）

海からいただく 日本のおかず① 干物（ひもの） 魚介類の乾製品

2024年2月　初版1刷発行

監　修　一般社団法人 大日本水産会 魚食普及推進センター
写真・文　阿部秀樹
発行者　今村正樹
発行所　株式会社 偕成社　〒162-8450　東京都新宿区市谷砂土原町3-5
　　　　☎03-3260-3221（販売）　03-3260-3229（編集）
　　　　https://www.kaiseisha.co.jp/
印　刷　大日本印刷株式会社
製　本　東京美術紙工

©2024 Hideki ABE
Published by KAISEI-SHA, Ichigaya Tokyo 162-8450
Printed in Japan
ISBN978-4-03-438110-6
NDC667 40p. 29cm